LE CHASSEUR

D'INSECTES

PARIS. — IMPRIMÉ CHEZ BONAVENTURE ET DUCESSOIS
55, QUAI DES AUGUSTINS

LE CHASSEUR D'INSECTES

INSTRUCTION

POUR DÉCOUVRIR, PRENDRE, PRÉPARER

ET CONSERVER LES INSECTES

PRÉCÉDÉE D'UNE INTRODUCTION ÉLÉMENTAIRE

A L'ÉTUDE DE L'ENTOMOLOGIE

PAR

A. M. PERROT

Seconde édition.

PARIS

CH. ALBESSARD ET BÉRARD, LIBR.-ÉDITEURS

8, RUE GUÉNÉGAUD

MARSEILLE, MÊME MAISON

25, RUE PAVILLON

1860

INTRODUCTION

L'*Entomologie* est une des branches de l'histoire naturelle la plus étudiée par un grand nombre de personnes, et surtout par les jeunes gens. Cette étude serait cependant plus étendue encore s'il existait des ouvrages élémentaires, clairs, faciles à comprendre et propres à guider

1.

les commençants, en leur donnant à la fois la clef de la classification des insectes, partie aride de la science, et en décrivant les mœurs, les instincts, et les propriétés intéressantes de ces animaux, ce qui est entièrement négligé dans la plupart des ouvrages modernes.

Chercher les insectes, les reconnaître, les étudier, les classer et en former des collections est une des récréations les plus intéressantes pour les jeunes gens et pour les personnes qui habitent temporairement la campagne ; mais elle ne peut être pratiquée sans quelques connaissances préalables, car si beaucoup d'insectes s'offrent à nos yeux dans presque tous les lieux et à tous les instants du jour, un bien plus grand nombre encore, comprenant les plus rares, ne se montre que dans un temps déterminé, dans des lieux spéciaux, ou se tient caché dans des retraites convenables à la nature, aux habitudes et à la conservation de chaque espèce; il est alors difficile de découvrir et de reconnaître ces animaux, et l'on ne peut y parvenir qu'après de nombreuses observations et une grande habitude de cette sorte de chasse qui fait le sujet principal de ce petit traité. Mais pour le rendre plus utile et plus intéressant, nous avons cru devoir y joindre quelques instructions préliminaires et générales sur l'histoire naturelle des insectes, elles serviront d'introduction à l'étude de cette science et donneront la facilité de comprendre et de lire avec fruit les ouvrages qui, nous le répétons, ont tous le défaut de n'être pas assez élémentaires; il y a d'ailleurs des définitions qu'il est nécessaire de donner ici, parce que sans elles nous aurions de la peine à nous faire comprendre plus tard.

Après avoir exposé les définitions générales, les métamorphoses que subissent les insectes, leur structure, leurs organes et leur instinct, nous donnerons un tableau de leur classification, puis les instruments utiles à l'entomologiste, un traité de la chasse aux insectes, leur préparation et conservation dans les collections, et nous terminerons par un vocabulaire servant à la fois de table des matières et d'explication de tous les termes techniques employés dans l'ouvrage.

DÉFINITIONS GÉNÉRALES.

L'Entomologie est la science qui traite des animaux *articulés* : elle fait connaître leur organisation, leurs fonctions et leurs mœurs, en même temps qu'elle offre la série de tous les êtres, établie sur les rapports qui existent entre eux ; ce qui constitue la classification.

Les animaux *articulés* sont ceux qui n'ont point de squelette, et dont les parties solides servent d'enveloppe aux organes au lieu de leur servir de charpente.

La branche des articulés, qui embrasse une

multitude prodigieuse d'êtres dont l'organisation et les habitudes sont très-variées, est divisée en quatre *classes*.

1° Les *insectes*, conformés le plus communément pour le vol, pourvus de pieds articulés, respirant par des *trachées*: ils ont une tête distincte et deux *antennes*, le nombre de leur pattes est de six (fig, 1).

2° Les *Arachnides*, dont l'organisation a de l'analogie avec celle des araignées ; ils n'ont pas de tête distincte du *thorax*, respirent par des *stigmates* et n'ont que quatre pattes (fig. 2).

3° Les *Crustacés*. Construits sur le même plan général que les crabes et les écrevisses, ils ont cinq ou six paires de pattes et une respiration branchiale (fig. 3).

4° Les *Annélides*, vers à sang rouge, se distinguent par l'absence de membres articulés; leur corps est divisé en un grand nombre d'anneaux, plusieurs espèces sont complétement dépourvues de pattes, mais sur chaque anneau il existe des espèces de tubercules qui servent à la locomotion (fig. 4).

La classe des *Insectes*, la seule qui doit nous occuper ici, comprend douze ordres :

Les *Coléoptères*, six pattes, bouche armée de mâchoires, quatre ailes dont la première paire constitue des *élytres* cornées et impropres au vol, celles de la seconde paire sont membraneuses et se reploient transversalement pendant le repos (fig. 4 et 5).

2º Les *Orthoptères*, élytres coriaces, flexibles, réticulés, un peu croisés l'un sur l'autre, ailes postérieures membraneuses et plissées longitudinalement pendant le repos (fig. 6).

3º Les *Névroptères*, quatre ailes membraneuses, transparentes et réticulées, bouche armée de mandibules et de mâchoires (fig. 7).

4º Les *Hyménoptères*, quatre ailes membraneuses nues, réticulées, bouche composée de mandibules dont les mâchoires et les languettes s'allongent de manière à constituer une sorte de tube propre à la succion seulement (fig. 8).

5º Les *Lépidoptères*, ou papillons, se reconnaissent à la poussière écailleuse et semblable à de la farine coloriée, qui recouvre leurs quatre ailes membraneuses, et à leur bouche qui a la forme d'une trompe roulée en spirale (fig. 9).

6º Les *Hémiptères*, quatre ailes dont les deux premières sont en général à moitié coriaces et à moitié membraneuses ; bouche en forme de long suçoir qui ressemble à un tube (fig. 10).

7º Les *Rhipiptères*, deux grandes ailes membraneuses et plissées longitudinalement en manière d'éventail (fig. 11).

8° Les *Diptères*, deux ailes membraneuses et étendues, bouche en forme de trompe, pattes longues et grêles (fig. 12).

9° Les *Suceurs*, aptères, corps comprimé, pattes postérieures disposées pour le saut, bouche prolongée en forme de bec (fig. 13).

10° Les *Parasites*, aptères, abdomen garni d'appendices, bouche en grande partie interne et armée d'une espèce de suçoir, corps aplati (fig. 14).

11° Les *Thysanoures*, petits insectes sans ailes, qui ont l'abdomen terminé par des appendices filiformes ou d'organes à l'aide desquels ils peuvent sauter (fig. 15).

12° Les *Myriapodes*, corps vermiforme pourvu d'au moins vingt-quatre paires de pattes (fig. 16).

L'ordre des Coléoptères et celui des Lépidoptères sont à peu près les seuls dont on forme des collections et ceux que nous traiterons avec détails.

MÉTAMORPHOSES

Les insectes ne parviennent à leur état parfait qu'après avoir subi plusieurs transformations, ou plutôt une suite de dépouillements successifs.

Les métamorphoses des insectes sont dites incomplètes ou partielles quand elles ne font que modifier l'être ; et complètes, lorsqu'elles en transforment la totalité. Ces changements de formes extérieures sont la conséquence de ceux qui s'opèrent à l'intérieur sur les organes nerveux, nutritifs et respiratoires, changements qui causent les différences extraordinaires qui se font remarquer dans l'instinct, les habitudes et les mœurs du même animal, dans les différents états qu'il subit.

DES ŒUFS

La forme des œufs est différente, suivant les espèces d'insectes, l'enveloppe est généralement coriace, plutôt élastique que fragile ou molle ; fécondés en été, ils éclosent plus ou moins rapidement, selon la température de la saison ; ceux qui sont pondus en automne n'éclosent presque jamais avant le printemps. On est surpris de l'instinct extraordinaire qui guide les insectes, pour placer leurs œufs de manière à les mettre à l'abri de tout accident, et de telle sorte que les petits qui doivent en sortir puissent se trouver immédiatement à proximité de la nourriture qui leur convient.

DES LARVES

Il sort de l'œuf un petit animal qui a le corps ordinairement très-mou et allongé, assez semblable à un ver; il a six pattes courtes, ou un plus grand nombre. On lui donne le nom de *larve*. Les larves mangent beaucoup et grossissent promptement, en changeant plusieurs fois de peau; c'est sous cette première forme seulement que les insectes prennent de l'accroissement.

Après avoir cessé de manger, les larves se choisissent un lieu où elles puissent se métamorphoser en sûreté, soit en creusant des trous dans la terre, soit en se plaçant sous des pierres ou sous des écorces, soit enfin en s'enfermant dans des cocons de soie qu'elles construisent à cet effet. Alors leur corps se raccourcit, les anneaux du dos se gonflent, la peau se déchire et laisse un corps ovoïde qui est la *chrysalide*,

DES CHRYSALIDES

La forme des chrysalides, ou fèves, est assez variable; quelquefois elles sont brillantes et tachetées d'or; on y trouve le relief des yeux et des différents appendices du corps de l'individu qui doit en sortir, mais elles sont immobiles ; la partie pointue (fig. 17) laisse seule apercevoir quelques mouvements d'oscillation.

L'insecte reste plus ou moins de temps sous cette nouvelle forme, selon la température de l'air, l'époque à laquelle il appartient ; il se développe, acquiert de nouveaux membres et brise enfin l'enveloppe qui le contient pour reprendre de l'activité.

STRUCTURE

DES INSECTES PARFAITS

On comprend, comme nous venons de le dire, sous la dénomination générale d'*Insectes*, tous les animaux articulés ayant pour caractères : une tête distincte, munie d'une paire d'*antennes* ; des yeux composés, immobiles et quelquefois en même temps des yeux simples, ou *stemmates* ; une bouche pourvue ordinairement de trois pièces paires opposées ; le corps divisé en plusieurs segments ou anneaux munis de pattes, le plus souvent au nombre de six, et alors des ailes ; quelquefois un grand nombre de pieds (*myriapodes*).

L'enveloppe extérieure, ou squelette des insectes à l'état parfait, est formée d'un nombre déterminé de pièces distinctes ou soudées intimement entre elles ; dans plusieurs cas, les unes diminuent ou disparaissent entièrement, tandis que les autres prennent un développement excessif.

Les différences qu'on remarque entre les espèces de chaque ordre, de chaque famille et de chaque genre, peuvent toutes s'expliquer par l'accroissement ou l'état rudimentaire de telles ou telles pièces.

La connaissance du système solide des insectes est indispensable et de la plus haute importance, puisque étant tout à fait extérieur, il constitue à lui seul le *facies* des individus, et sert de base à leur classification.

On distingue dans l'insecte parfait trois parties principales : la tête, A (fig. 18 et 19) ; le tronc, B, et l'abdomen, C.

La *téte* forme une masse généralement arrondie, plus ou moins développée tantôt transversalement, tantôt dans le sens de la longueur ; les parties principales qui la composent ou qui s'y rattachent sont :

Les *antennes*, *a a* (fig. 18 et 19), appendices articulés mobiles, plus ou moins développés, le plus souvent au nombre de deux, quelquefois de quatre ; elles sont situées dans le voisinage des yeux, et composées de petits cylindres ou *articles*, ajustés les uns à la suite des autres, et extrêmement variables pour la forme, la grosseur et la longueur.

La base des antennes (scapus) offre toujours quelques particularités de longueur, grosseur ou couleur qui les distingue des articles suivants. La tige droite (fig. 20), ou brisée (fig. 21), a des formes très-variables ; on la dit *filiforme* quand tous les articles ont la même grosseur (fig. 22), *sétiforme*, si elle est terminée en pointe (fig. 23), *massue* si son extrémité est renflée (fig. 24).

L'usage des antennes n'est pas encore bien connu ; l'opinion la plus générale est que ces singuliers appendices servent d'organe au tact.

Le *front*, b, (fig. 18 et 25), est la partie la plus élevée de la tête.

La *face*, c, se continue avec le front.

Les *joues*, d, s'observent sur les côtés ; leurs limites ne sont pas très-bien déterminées.

Le *chaperon* ou *epistome*, e, est une pièce bien distincte qui s'articule d'une part avec le front ou la face, et de l'autre avec la lèvre supérieure qu'il recouvre et remplace plus d'une fois.

Les *yeux*, f f, de la plupart des insectes sont aussi bien déterminés : on en compte de deux sortes, les uns sont composés ou chagrinés, les autres simples ou lisses, ou encore *stemmates*. Ces derniers manquent souvent.

Les yeux composés sont placés, en général, sur les parties latérales de la tête ; ils sont entiers, échancrés ou même entièrement divisés par une petite tige cornée, de manière à figurer, de chaque côté, deux yeux parfaitement distincts ; la cornée est d'autant plus convexe que l'animal est plus carnassier ; transparente, dure, épaisse, enchâssée dans une sorte de rainure des parties de la tête, et offrant plusieurs milliers de facettes hexagonales disposées régulièrement ; chaque facette constitue un œil pourvu de toutes ses parties.

Les yeux lisses, au nombre de trois, sont ordinairement situés sur le sommet de la tête (fig. 26), entre les yeux composés.

La *bouche* termine la tête en avant ; elle est composée de six parties : la lèvre supérieure ou *labre, g* (fig. 25) ; les deux *mandibules, h h* ; les deux *mâchoires, i i* ; la *lèvre inférieure, j* (fig. 26). Ces parties subissent de grandes modifications dans leurs formes, et constituent les organes de la mastication ou des appareils de succion qui portent les noms de *bec*, de *trompe* et de *suçoir*.

Ils sont appropriés à la manière de vivre et à la nature des aliments, et varient ainsi de mode ou de structure. La théorie générale des organes de manducation des insectes a été appliquée à tout l'ensemble de l'entomologie, et sert principalement aujourd'hui de point de comparaison pour la classification des genres.

La lèvre supérieure ou *labre*, *g*, consiste simplement en une pièce plate, le plus souvent coriace ou presque membraneuse, extérieure ou découverte, carrée ou demi-circulaire, soit *entière*, soit *échancrée* ou *bifide*, et tenant au bord antérieur de la tête au moyen d'une très-courte articulation.

La lèvre inférieure représente, en quelque sorte, deux mâchoires réunies, portant deux *palpes*, *k k*, et souvent recouverte par une dilatation, en forme de bouclier, de la portion coriace ou cornée et antérieure de la base, partie appelée d'abord *ganache* et maintenant *menton*, *l* (fig. 26). La portion découverte de la lèvre, ou celle qui dépasse son support forme la languette, *m* (fig. 26).

Les *mandibules*, *h h*, placées horizontalement, et souvent recouvertes en partie par la lèvre supérieure, sont formées d'une substance *cornée* très-dure, d'une seule pièce, sans articulation, dépourvue de tout appendice et ressemblant à une dent forte et aiguë.

Les *mâchoires*, *i i*, naissent de la partie inférieure et interne de la cavité buccale, près de l'origine de la lèvre inférieure ; elles se dirigent d'abord obliquement et en arrière, puis présentent une articulation et un coude ; elles remontent ensuite longitudinalement, en se rapprochant l'une de l'autre ou en convergeant, offrant près du bout, et sur le côté intérieur, un petit filet articulé appelé *palpe* ou *antennule*, *k k*, et se terminant ordinairement par une portion plus membraneuse, distinguée de la tige par une articulation et garnie de poils ou cils ; très-souvent encore la même extrémité fait intérieurement une saillie en manière de lobe aigu ou dent.

Lorsqu'il y a deux palpes, l'une est la palpe maxillaire extérieure, et l'autre la palpe maxillaire interne ; dans un très-grand nombre d'insectes broyeurs, à chaque côté antérieur de la languette, est adossée une petite pièce en manière de support ou d'article, prenant naissance un peu au-dessus du pharynx, et terminée par un appendice saillant, ordinairement rétréci en pointe, et qui paraît représenter la langue des vertébrés. Des palpes sont insérées sur les côtés antérieurs de la languette et distinguées des autres par la dénomination de *labiales* ; elles n'ont jamais plus de quatre articles, tandis que les palpes maxillaires extérieures en ont communément de quatre à six.

On appelle *galettes* les deux parties larges et

membraneuses placées à la partie externe des mâchoires.

En arrière, la tête est jointe, soit par un prolongement ou col, soit à l'aide d'une cavité arrondie, profonde et creusée en entonnoir, soit enfin au moyen d'une simple membrane, avec le premier anneau du thorax.

Le *thorax*, ou *tronc*, B (fig. 18 et 19), est la partie du corps qui se trouve entre la tête et l'abdomen; elle supporte constamment les membres, tels que les pattes et les ailes. On divise le thorax en trois segments :

Le *prothorax* ou *corcelet* ou *collier*, le *mésothorax* et le *métathorax*; ses segments sont composés d'un assez grand nombre de pièces qu'il n'entre pas dans notre plan de décrire; nous signalons seulement le *sternum*, pièce unique, qui constitue la partie inférieure : la partie supérieure présente le *scutum* ou *écu*, qui est souvent très-développé et s'articule toujours avec les ailes, lorsqu'elles existent; le *scutellum* ou *écusson* qui affecte souvent une forme triangulaire.

L'abdomen ou *ventre*, C, partie du corps faisant suite au thorax; il est composé d'anneaux, variant de un à quinze, constamment dépourvus d'appendices, et qui forment une série de cylindres creux, souvent très-courts, réunis entre eux par une soudure intime ou bien par une articulation ; ils jouissent quelquefois d'une assez grande mobilité, et peuvent, dans certains cas, rentrer les uns dans les autres comme les tubes d'une lunette.

La plupart des anneaux de l'abdomen portent un trou nommé *stigmate*. *h* (fig. 19), qui est l'orifice d'une trachée, et sert à la respiration. L'abdomen est articulé avec le mésothorax, dans la région postérieure, tantôt par une large surface, il est alors dit *sessile* ; tantôt, au contraire, l'articulation offre un rétrécissement marqué qu'on nomme *pétiole* ou *pédicule*.

L'extrémité postérieure de l'abdomen est le plus souvent percée par l'anus ; le dernier anneau varie beaucoup pour la forme ; il est disposé de manière à favoriser le rapprochement des sexes, ou à faciliter la ponte ou l'introduction des œufs dans les matières qui doivent les recevoir. Souvent encore il est organisé de manière à devenir une arme offensive ou défensive ; les crochets, les tarières, les aiguillons, les pinces, les lames, les scies, les queues, les filières et autres instruments font souvent partie de cette région du corps des insectes.

Les *ailes*, appendices membraneux, de formes très-variées, diaphanes ou opaques, nues ou couvertes de poils et d'écailles, plus ou moins développées, toujours situées sur les parties latérales et supérieures du thorax, et ayant ordinairement pour fonction d'exécuter le vol. Il n'en existe jamais plus de deux paires ; souvent on n'en trouve qu'une seule ; et dans plus d'un cas elles sont rudimentaires, ou même disparaissent complétement.

On a distingué les ailes d'après leur position, en premières, antérieures ou supérieures, et en secondes, postérieures ou inférieures.

L'aile d'un insecte parait formée de deux feuillets superposés, membraneux, très-minces et transparents, constituant à eux seuls, dans certains cas, assez rares, l'aile toute entière, et occupant le plus souvent des intervalles que laissent entre elles des lignes de consistance cornée, saillantes, auxquelles on a donné le nom de *nervures*.

La *base* de l'aile, 1 (fig. 27, 28 et 29), est la partie qui s'articule au thorax.

Le *bout*, 2, que l'on nomme aussi *sommet, angle interne, angle antérieur*, est opposé à la base.

Le *bord externe*, 3, ou *bord antérieur*, ou *bord d'en haut*, ou enfin la *côte*, s'étend depuis la base jusqu'au bout.

L'*angle postérieur*, ou *angle interne*, 4, ou *angle anal*, est formé par la réunion du bord postérieur et du bord interne.

Le *bord interne*, 5, s'étend depuis l'angle postérieur jusqu'à la base de l'aile.

Le *bord postérieur*, 6, commence aussi à l'angle postérieur de l'aile et finit à son bout.

Le *disque*, 7, est toute la partie de l'aile comprise entre les bords.

Elytres ou *étuis* (fig. 30), premières ailes cornées des insectes; elles sont souvent dures, recouvrent la seconde paire d'ailes et abritent la partie supérieure du corps. Elles présentent aussi plusieurs parties :

La *base*, 1 (fig. 30), qui est fixée au mésothorax.

L'*extrémité* ou *sommet*, **2**, opposé à la base.

Le *bord antérieur*, 3.

Le *bord postérieur* ou *interne*, nommé aussi *suture*, 4.

Les deux *faces*, l'une supérieure, l'autre inférieure.

Les élytres ont des formes et des proportions assez variées qui leur ont valu plusieurs dénominations importantes pour la classification.

Elles sont quelquefois soudées intimement entre elles par leurs bords postérieurs et protègent alors efficacement le corps de l'insecte ; dans ce cas les ailes manquent et n'offrent plus que des rudiments ; lorsqu'elles sont libres, on voit les élytres s'ouvrir quand l'insecte prend son vol, et elles favorisent la locomotion aérienne.

3

Les *pattes* servent à la marche, au saut ou à la natation ; quelquefois cependant l'animal ne s'en sert que pour soutenir son corps, alors elles sont excessivement longues et grêles.

La paire de pattes antérieures est convertie dans certains cas en un organe de préhension ; elle présente dans plusieurs insectes une sorte de dilation au *tarse*, qui est propre au sexe mâle ; dans d'autres espèces, ce sont les parties postérieures qui diffèrent essentiellement de toutes les autres, et dont la forme est adaptée à certaines fonctions.

La patte d'un insecte est composée (fig. 31) : de la *hanche*, *m*, de la *cuisse*, *o*, de la *jambe*, *p*, et du *tarse*, *q*, qui est lui-même formé d'une suite de petits articles, qui, par leur variété numérique et par leur figure, aident beaucoup à la classification ; le dernier article est ordinairement terminé par une petite pièce conique ou écailleuse portant deux crochets mobiles.

Le *trochanter* est une petite pièce, *n*, qui est située entre la hanche et la cuisse, et s'articule avec tous deux.

ORGANES DES SENS

La *vue* est de tous les sens le mieux constaté, et presque tous les insectes donnent des exemples que cet organe est très-compliqué, et agit avec une étonnante perfection.

L'*ouïe* est très-développée chez plusieurs espèces qui produisent certains sons pour annoncer leur présence ou pour appeler les individus de l'autre sexe. Souvent aussi on les voit s'effrayer et fuir en entendant le moindre bruit. Quant à l'organe qui perçoit la sensation, il n'est pas encore exactement déterminé, mais on présume que son siége est à la base des antennes.

L'*odorat* est un sens fort exquis. A peine des

matières animales ont-elles été déposées dans un lieu qu'on voit aussitôt se diriger vers ce point un grand nombre de ces petits animaux ; la vue les guide si peu dans cette circonstance qu'ils s'obstinent quelquefois à trouver sur des fleurs à odeur fétide et cadavéreuse une nourriture convenable, et que, trompés par ce sens qu'aucun autre ne sait rectifier, ils déposent des œufs dans l'intérieur de ces plantes. C'est aussi l'odorat qui souvent avertit mutuellement les sexes de leur présence. On peut croire que dans les insectes cette sensation s'effectue comme dans les animaux plus élevés, c'est-à-dire sur le trajet de l'organe de la respiration ; et comme les insectes respirent par des *stigmates*, aboutissant à des *trachées*, lesquelles se répandent dans toutes les parties du corps, on peut penser que l'animal perçoit les odeurs par tout l'intérieur de son corps ; quelques naturalistes pensent au contraire que le siége de l'olfaction est dans les antennes, aussi est-il utile de faire de nouvelles observations à ce sujet.

Le *goût* se manifeste d'une manière évidente chez les insectes ; on voit plusieurs d'entre eux goûter les liquides, s'en nourrir ou les abandonner, selon qu'ils les jugent bons ou mauvais ; il est impossible d'assigner encore le siége de cet organe : les uns le trouvent dans les palpes, parce que ces parties de la bouche sont continuellement en mouvement et appliquées sur tous les points de l'aliment, à mesure qu'il est divisé et broyé par les mandibules et les mâchoires; les autres le placent à l'origine du pharynx.

Le *toucher*, dans les insectes, paraît être l'un des sens le moins développé. La surface extérieure, qui est l'organe essentiel de cette fonction, varie singulièrement dans la série des êtres ; tantôt elle est molle, alors elle paraît être le siége d'une sensation assez délicate qui se trouve quelquefois augmentée par des poils, dont le contact . avec les corps étrangers semble transmettre à l'animal une vive impression, tantôt elle est plus ou moins solide et offre quelquefois une telle consistance qu'elle devient un organe protecteur très-efficace ; dans ce cas le toucher doit être fort obscur et il ne paraît qu'imparfaitement remplacé par certains appendices du corps, par exemple, les antennes, qui, lorsqu'elles sont allongées et formées d'un grand nombre d'articles, semblent être des espèces de tentacules que l'animal met continuellement en mouvement pour explorer sa route et pour connaître les obstacles. Les tarses ne seraient-ils pas propres à donner à l'insecte l'idée de la nature des corps sur lesquels ils s'appliquent ?

3.

INSTINCT DE CONSERVATION

Si l'instinct de tous les animaux cause souvent un vif étonnement, celui des insectes est le sujet d'une véritable admiration. Ces petits animaux ont reçu de la nature des facultés spéciales parfaitement en harmonie avec leur organisation et qui les portent vers ce qui peut leur être bon, de même qu'elles les mettent à l'abri de ce qui peut leur être nuisible.

Chez les mammifères, on conçoit que les jeunes individus reçoivent un commencement d'éducation, que leur mère puisse leur apprendre à chercher et à choisir leur nourriture, à éviter leurs ennemis, et à construire des retraites sûres et commodes, qu'elle leur serve d'exemple et les habitue à une sorte d'imitation ; mais il n'en est pas ainsi chez les insectes dont les œufs ont été abandonnés, qui n'ont jamais connu leurs parents, et qui cependant agissent comme eux et qui semblent deviner ce qui n'a pu leur être enseigné.

Cet instinct est donc le résultat de l'organisation plus ou moins complète et toujours en rapport avec la plus ou moins grande complication des organes. « On dirait, comme l'a observé Bory de Saint-Vincent, de petites machines montées à telle ou telle fin déterminée, comme une montre qui n'étant composée que pour marquer les heures, ne pourrait marquer les minutes, les secondes, les jours de la semaine et les phases de la lune, les rouages nécessaires pour de tels résultats ne lui ayant pas été donnés. »

L'instinct varie selon la disposition du système nerveux et les changements qui se manifestent dans l'organisation des êtres ; ainsi, une *larve* qui rampe ignoblement dans la fange et se nourrit de chairs corrompues et des substances les plus dégoûtantes, se change bientôt en insecte élégant, et en changeant de forme elle change d'instinct, s'élance de fleur en fleur pour y recueillir les sucs les plus purs et les plus suaves.

Je ne m'étendrai pas ici sur la combinaison des

facultés instinctives des insectes, mais j'offrirai des exemples qui suffiront pour en faire connaître les prodiges, et prouveront combien il faut étudier ces animaux pour savoir les chercher avec fruit et les trouver dans les différents lieux qui leur servent d'habitation ou de retraite.

Lorsque l'*Ichneumon*, espèce de mouche svelte et très-vive, veut faire sa ponte, elle cherche une chenille, se pose sur son corps, et, à l'aide d'une longue tarière dont elle est armée lui ouvre la peau, y introduit ses œufs, puis s'éloigne et périt bientôt.

La chenille, sans éprouver aucune incommodité, transporte partout avec elle les germes qui lui ont été confiés ; les œufs ne tardent pas à éclore, et il en sort de petits vers (larves) qui se nourrissent de la matière graisseuse de cette chenille, mais sans jamais attaquer aucune des parties vitales ; lorsque les jeunes larves ont acquis tout leur accroissement, elles sortent de leur demeure animale, s'attachent à la surface de la peau qui les a protégées, et y forment leur coque sans se séparer de l'être vivant qui les a nourries.

Si la chenille se transforme en chrysalide avant que les larves d'ichneumon soient assez fortes, ces dernières s'y enferment avec elle et la dévorent entièrement, de sorte qu'une chrysalide de laquelle devait sortir un papillon déterminé, produit à sa place un essaim de mouches, qui plus tard vont à leur tour chercher d'autres chenilles pour y déposer d'autres œufs.

Ce qui est peut-être le plus étonnant, c'est que les Ichneumons ne déposent pas ainsi leurs œufs sous la peau de la première chenille venue ; chaque espèce d'Ichneumon s'adresse à une espèce particulière d'insectes en rapport avec son volume, et les plus petites logent leur progéniture dans le corps des pucerons,

On connaît les travaux des abeilles, leur admirable gouvernement et leur étonnante industrie ; mais ces mouches, ainsi que les fourmis, qui ne sont pas moins curieuses, sont des exceptions, car elles reçoivent une éducation réelle, et tout ce qu'elles savent faire leur a été enseigné dans leur jeunesse.

C'est surtout pour se mettre à l'abri des attaques de leurs nombreux ennemis que les insectes emploient les stratagèmes les plus singuliers, opposant la ruse à la force et utilisant les moyens bizarres de défense qui leur ont été donnés par la nature.

Les uns, lourds et peu agiles, comme les *Opatres*, par exemple, se couvrent le corps des particules les plus fines du sol qu'ils habitent, en prennent ainsi la couleur, et par ce moyen cessent d'être visibles à l'œil qui ne les distingue plus que difficilement. D'autres, comme les *Taupins* et les *Plines*, gardent l'immobilité de la mort dès qu'on les touche, ou même qu'on les approche ; rien ne pouvant les déterminer alors à remuer, ils se laissent percer par une aiguille, et même brûler en partie, sans faire aucun mouvement.

« Les larves des *Coléoptères* aquatiques emploient la même ruse. Aussitôt que l'une d'elles se sent saisie par quelque oiseau, ou par quelque poisson, son corps, dont les anneaux étaient distincts et rapprochés par les muscles, devient flasque et mollasse, il s'allonge, sa peau âpre, coriace et couverte de boue, s'abandonne aux inflexions diverses, cède aux tiraillements, résiste imperturbablement aux piqûres, aux déchirures légères, sans manifester le moindre signe de vie, et ressemble à celle d'un cadavre dans une demi-putréfaction, probablement dans le but de dégoûter la convoitise des animaux qui ne dévorent que des proies vivantes. »

La *Malachie*, chassée par une certaine espèce d'oiseaux, fait saillir de son corps, quand on le touche, des appendices gonflés, colorés et enduits d'une matière âcre, amère et odorante, qui dégoûte et repousse aussitôt son ravisseur.

Beaucoup d'autres insectes sécrètent ainsi à volonté des liqueurs qui sortent, au moment du danger, de diverses parties de leurs corps et exhalent des odeurs qui éloignent les ennemis.

A cette faculté de répandre une exhalaison repoussante, pour se garantir du danger, le *Stafilien* joint encore l'avantage d'une conformation particulière dont il sait profiter habilement ; est-il poursuivi? il relève son abdomen très-prolongé et semble en menacer son ennemi. Il s'éloigne dans cette attitude intrépide sans manifester de crainte, mais il en inspire aux autres et même à l'homme ; et cependant cette queue menaçante n'est aucunement dangereuse, et le *Stafilien* ressemble assez au poltron qui crie bien haut pour cacher sa faiblesse.

La *Panorpe*, ou mouche scorpion, se sert aussi de sa queue longue et fourchue pour épouvanter ceux qui l'approchent ; elle la redresse, la recourbe, l'agite, la darde ; mais cette queue terrible ne peut cependant faire aucun mal.

Les larves molles et craintives des *Criocères* serviraient de pâtures à un grand nombre d'animaux si elles n'avaient le soin de se couvrir de leurs excréments, qui les mettent aussi à l'abri des intempéries de l'atmosphère.

Le *Brachyn* a reçu de la nature un singulier moyen de défense ; est-il inquiété, il fait sortir de dessous ses ailes, et avec une assez forte détonation, une fumée bleuâtre d'une odeur acide et pénétrante, et lorsque la crainte se communique à toute une tribu de Brachyns, on ne peut mieux la comparer qu'à un peloton de tirailleurs.

Mais si l'instinct permet aux insectes d'employer tant de moyens divers pour défendre leur existence contre de nombreux et redoutables ennemis, il les porte aussi souvent à les prémunir de la disette ; et la prévoyance de certaines espèces qui forment des provisions d'hiver pour elles et leur progéniture à venir est une des choses les plus curieuses.

Un assez grand nombre de ces animaux, quoique très-voraces, commencent toujours par cacher leur nourriture avant de s'en repaître.

Un cadavre de mulot, de taupe ou de grenouille gît-il dans un champ, vous voyez bientôt voltiger autour quelques *Nécrophores*, qui s'en approchent, se réunissent, creusent le sol et disparaissent. En peu de temps le cadavre s'affaisse à son tour et tombe dans un trou creusé sous lui par ces insectes fossoyeurs, qui reparaissent bientôt et travaillent en commun pour le recouvrir entièrement de terre, puis s'enfouissent de nouveau pour dévorer leur proie ou pour y déposer leurs œufs, afin que les larves qui doivent sortir trouvent en naissant une nourriture assurée.

CLASSIFICATION

La classification des insectes a subi de nombreuses modifications. Linnée a essayé le premier d'établir des caractères distinctifs, mais il les a tirés seulement de la nature et de la forme des ailes ; sa méthode imparfaite a été perfectionnée par Olivier et par Geoffroy ; ce dernier découvrit les caractères constants et positifs que l'on pouvait tirer du nombre des articles des tarses.

En 1775, Fabricius publia sa méthode, entièrement fondée sur les parties de la bouche, méthode savante, résultant de nombreuses observations, mais assez difficile.

De Geer posa les bases d'une classification plus

naturelle encore, en embrassant toutes les parties apparentes des insectes ; enfin Latreille et Duméril, en coordonnant les travaux de leurs prédécesseurs, ont établi la division en douze ordres, que nous avons précisée plus haut.

Deux ordres, celui des *Coléoptères* et celui des *Lépidoptères* ou *papillons*, fournissent les sujets les plus propres à former des collections. Ils se préparent et se conservent mieux que tous les autres.

COLÉOPTÈRES

Le nombre des insectes de cet ordre est immense ; on les divise en quatre sections d'après le nombre des articles des tarses, savoir :

1° Les *Pentamères*, cinq articles à tous les pieds.

2° Les *Hétéromères*, quatre articles aux tarses des deux pattes de devant, et cinq aux autres pieds.

3° Les *Tétramères*, quatre articles à tous les pieds.

4° Les *Trimères*, qui n'ont aux tarses que trois articles.

Les Pentamères se divisent en plusieurs familles parmi lesquelles on distingue :

Les *Carnassiers*, où se trouvent les *Cicindèles*, les *Carabes*, les *Gyrins*.

Les *Serricornes*, dont les *Taupins*, les *Lampyres*, le *Vrillettes*, etc., font partie.

Les *Clavicornes*, où sont les *Dermestes*, les *Histers*.

Les *Lamellicornes*, contenant les *Hannetons*, les *Lucanes* ou *Cerf-volants*, les *Bousiers*, etc,

Parmi les Hétéromères se trouvent les *Cantharides*, les *Melœs*.

Les *Tétramères* offrent les *Bruches*, les *Charançons*.

Les *Trimères* comprennent les *Coccinelles* ou *Bêtes-à-Dieu*.

Pour étudier les *genres* et les *espèces*, il faut avoir recours aux ouvrages spéciaux de classification, dont un des plus nouveaux et des plus complets est l'*Encyclopédie d'Histoire naturelle* de M. le docteur Chenu, où se trouve un grand nombre de figures.

LÉPIDOPTÈRES

Les *Lépidoptères*, vulgairement *papillons*, sont divisés en trois grandes familles, savoir :

Les *Diurnes*, qui se reconnaissent à leurs ailes

verticales pendant le repos, antennes terminées par une petite massue. Ils volent pendant le jour. Cette famille contient les papillons proprement dits.

Les *Crépusculaires*, qui ne volent que le soir ou le matin, dont les ailes, pendant le repos, sont horizontales ou inclinées. Les antennes sont en massue allongée ou en fuseau, quelquefois elles sont pectinées.

Les *Nocturnes* ont toujours les ailes horizontales ou inclinées dans le repos, et les supérieures presque toujours retenues contre les inférieures ; leurs antennes vont en diminuant de grosseur de la base à la pointe. On les désigne sous le nom de *Phalènes* et ils ne volent ordinairement que la nuit. C'est dans cette famille, très-nombreuse en espèces, que se trouve le *Bombyx du mûrier* ou *Ver-à-soie*.

INSTRUMENTS
UTILES A L'ENTOMOLOGISTE[1]

BOITE POUR LA CHASSE

Cette boîte, faite en bois léger, doit avoir environ 30 centimètres de longueur, 20 centimètres de largeur et 8 centimètres de profondeur; son couvercle fixé à charnières est fermé par des crochets (fig. 32).

Le fond doit être garni d'une planche en liége

[1] On trouve tous les objets nécessaires à l'entomologiste chez M. Arthur Eloffe, naturaliste, 18 et 20, rue de l'École de Médecine.

de 4 à 5 millimètres d'épaisseur, ou de bois d'aloès, sur laquelle on colle une feuille de papier blanc.

Dans l'un des angles intérieurs de la boîte on fixe une petite pelotte, *a'*, pour recevoir un dépôt d'épingles ; sur chacun des côtés extérieurs on place un bouton à vis, *b*, servant à suspendre la boîte au côté gauche du corps, à l'aide d'un fort ruban, ou d'une lanière de peau en forme de baudrier, terminée à chaque bout par une boutonnière, *c*.

FIOLE

Une fiole à large goulot (fig. 33), fermant bien hermétiquement et contenant de l'esprit de vin faible ou de l'eau-de-vie, sert de dépôt provisoire aux insectes que l'on prend et dont on ne craint pas d'endommager les couleurs ; on les pique plus tard sur des épingles. Nous avons, avec avantage, remplacé l'esprit de vin par de la sciure de bois fine, légèrement imprégnée d'essence de térében-thine, les insectes ne peuvent s'y endommager réciproquement et y périssent très-promptement.

ÉPINGLES

Elles sont faites exprès pour fixer les insectes; leur longueur est de 4 centimètres, et elles sont assorties de trois grosseurs différentes (fig. 34), employées suivant la force des insectes qu'elles doivent porter.

FILET OU CHAPE

Pour saisir les insectes au vol

Il consiste en un fort fil de fer arrondi en cercle et ayant au moins 20 centimètres de diamètre, les deux bouts réunis et soudés (fig. 35) forment un talon à vis qui s'adapte dans une douille de fer ou de cuivre fixée au bout d'un bâton ou d'une canne de 1 mètre à 1 mètre 30 centimètres de longueur. Ce cercle porte une poche conique de gaze verte, dégommée, de 30 à 35 centimètres de profondeur, un peu arrondie vers le fond, *d*.

TROUBLEAU

Il est fait comme le filet ci-dessus; mais au lieu

d'un cercle, le fil de fer doit former un triangle (fig. 36) de 30 à 32 centimètres de côté, et la gaze est remplacée par une poche en canevas de 30 centimètres de profondeur; il sert à pêcher les insectes aquatiques, et à faucher les herbages et les prés, comme nous l'indiquerons plus loin.

PINCE A FILET

Elle consiste en deux espèces de raquettes de ros fil de fer, ayant 40 à 50 centimètres de longueur, et fixées ensemble comme les branches d'une paire de ciseaux (fig. 37); le vide des grands anneaux est rempli par une gaze peu tendue. Cet instrument sert à saisir les insectes qui voltigent sur les plantes ou qui ont une grande agilité, ceux qui se laissent difficilement approcher et ceux enfin dont on doit craindre la piqûre.

BRUXELLES

Pinces légères (fig. 38), qui sont employées pour saisir les insectes dans les trous, sous les écorces. etc., et pour les placer ou les déplacer dans les boîtes sans endommager avec les doigts ceux qui les avoisinent.

LOUPE

Celle qui nous paraît la plus avantageuse a plusieurs verres de différents foyers (fig. 39). Elle est indispensable pour observer et reconnaître les caractères de classification des espèces, tels que le nombre et la forme des articles des tarses et ceux des antennes, ainsi que les parties qui dépendent de la bouche.

PLANCHE DE LIÉGE

Il faut avoir une planche assez grande, ou plusieurs petites, d'environ 1 centimètre d'épaisseur, recouverte d'une feuille de papier blanc collé; elle sert à préparer les insectes, à les étendre, à leur donner la position la plus convenable dans laquelle ils doivent sécher, et aussi à les placer pour les étudier et les classer.

PLANCHE A RAINURES

Faite en bois blanc très-mou, ou composée

d'une planche de ce bois et de bandes de liége collées, de manière à avoir la forme indiquée dans le profil (fig. 40).

Cette planche est destinée à la préparation des papillons.

PRÉSERVATIFS

Plusieurs préparations ont été proposées pour préserver les insectes des animaux rongeurs qui détruisent les collections. Celle qui a constamment donné les résultats les plus satisfaisants est le savon arsenical de Bécœur, dont il faut faire usage avec précaution. Il se compose des proportions suivantes :

Camphre.	5 onces.
Arsenic en poudre.. .	2 livres.
Savon blanc.	2 livres.
Sel de tartre.	12 onces.
Chaux en poudre. . .	4 onces.

On coupe le savon par petites lames très-minces, on le met dans un vase de grès sur un feu doux avec une petite quantité d'eau en ayant soin de le remuer souvent avec une spatule de bois; lorsqu'il est entièrement liquéfié. on l'ôte du feu et on y ajoute le sel de tartre en poudre grossière que l'on fait aussi dissoudre entièrement, on y mêle successivement la chaux et l'arsenic que l'on triture doucement pour opérer un parfait mélange.

D'autre part, on pulvérise le camphre dans un mortier avec un peu d'esprit de vin, ou bien on le laisse dissoudre dans ce liquide, et quand les autres matières sont entièrement refroidies, on y ajoute le camphre et on triture de nouveau.

Ce savon se conserve dans un pot de grès vernissé intérieurement, placé dans un lieu frais. Quand on veut en faire usage on en délaye une partie avec un peu d'eau.

On a conseillé à tort de placer dans les boîtes qui contiennent les insectes de petits morceaux de camphre ; cette matière s'évapore et dépose sur les insectes une sorte de crasse qui ternit leurs couleurs et altère leur éclat.

L'essence de serpolet suffit souvent pour préserver les collections des ravages causés par les insectes rongeurs.

PATE

Une pâte composée de parties égales de sucre

candi, de gomme arabique et d'amidon, fondus dans l'eau, et à laquelle on ajoute un blanc d'œuf et un peu d'ail pilé. Laissant prendre à cette pâte le plus de consistance possible, elle sert à réparer les insectes endommagés et à recoller très-solidement les parties cassées ou détachées.

BOITES

Pour l'éducation des chenilles

Comme l'un des moyens d'obtenir les plus beaux papillons est d'élever leurs chenilles et de les placer dans les collections au moment de leur naissance, et avant qu'ils n'aient endommagé leurs ailes, on doit chercher à placer ces chenilles de manière à favoriser leur accroissement et leur transformation en chrysalides.

La boîte qui sert à les recueillir sur le terrain et à les transporter peut avoir les dimensions de celle qui a été indiquée pour la chasse, mais à l'intérieur elle sera divisée en compartiments pour que chaque espèce de chenille puisse être séparée ; au-dessus de chaque case on pratiquera une ouverture de 4 à 5 centimètres de diamètre, ou de côté, qui sera bouchée par un petit morceau de toile métallique et de telle sorte que l'air puisse circuler librement dans l'intérieur.

Quelques-unes des cases seront garnies de mousse fine et sèche, pour y placer les chrysalides.

Cette boîte ne doit renfermer aucune odeur, les moindres exhalaisons sont contraires aux chenilles et les font souvent périr.

D'autres boîtes doivent être destinées à recevoir les chenilles prises à la chasse, à les nourrir et à conserver leurs chrysalides jusqu'au moment de leur transformation en papillons. M. Boitard recommande « de placer chaque espèce dans des boîtes séparées, larges de 30 centimètres et haute de 45 à 50 centimètres, vitrées sur le devant pour donner du jour, et criblées de petits trous sur les côtés et le dessus, afin de faciliter autant que possible la circulation de l'air.

« Le fond de la boîte sera recouvert de trois ou quatre doigts de sable très-fin et très-sec, pour que les chenilles puissent s'y enfoncer facilement lorsque les espèces, qui ont l'habitude de s'enterrer pour se chrysalider, voudront se métamorphoser.

« La vitre formant le devant de la boîte sera ajustée de manière à s'ouvrir commodément et par conséquent à servir de porte ; enfin on placera dans l'intérieur une petite bouteille à goulot étroit.

pleine d'eau, dans laquelle on enfoncera la base des rameaux destinés à nourrir les élèves. »

Ces boîtes très-embarrassantes peuvent être remplacées par des sortes de cages faites en toiles métalliques, avec fond en bois, et n'ayant que 20 centimètres de long sur 16 centimètres de large et autant de hauteur, s'ouvrant par le dessus. Au reste, avec un peu d'intelligence on trouvera, selon la localité et les matériaux dont on peut disposer, des moyens faciles pour élever convenablement les chenilles, en observant les précautions qui sont indiquées à la fin de l'article qui traite de la chasse.

MEUBLES ET BOITES

Destinés à contenir les Collections

La première de toutes les conditions pour conserver intacte une collection d'insectes est de la préserver entièrement du contact de l'air.

La plupart des entomologistes ont adopté des boîtes de carton, ayant une profondeur de 6 à 7 centimètres, de 30 centimètres environ de longueur et de 20 à 22 centimètres de large ; elles ferment hermétiquement et peuvent se placer droites sur des rayons, comme des livres dans une bibliothèque ; des inscriptions placées sur le dos de ces boîtes indiquent l'ordre, la famille et le genre des insectes qu'elles contiennent.

J'ai trouvé plus commode de faire faire un meuble composé d'un corps de tiroirs de 60 centimètres de largeur sur 30 centimètres de profondeur.

Ces tiroirs, en bois blanc léger, ont un fond garni de liége, ferment hermétiquement, se tirent au moyen de deux anneaux, et sont recouverts par une porte qui ferme le tout et empêche l'air et la poussière de pénétrer dans le meuble.

Les insectes placés dans ce meuble depuis quinze ans n'ont pas souffert la moindre altération, et cela sans le secours d'aucune préparation ni préservatif.

CHASSE AUX INSECTES

Presque tous les lieux servent de retraite à quelques espèces d'insectes; presque toutes les plantes en nourrissent d'autres. Les unes vivent seulement pendant quelques jours, les autres ne se montrent qu'à certaines heures; plusieurs cherchent les plus ardents rayons du soleil, et il en est beaucoup qui, au contraire, ne se plaisent que dans l'obscurité. Ainsi partout, et presque en tout temps, l'entomologiste peut trouver de l'occupation et employer utilement des connaissances qu'il devra plutôt à ses observations qu'aux instructions qui lui seraient données. Les pages suivantes indiquent cependant, aussi complétement qu'il est possible de le faire, la direction que le naturaliste doit donner à ses recherches pour les rendre fructueuses, et les espèces qu'il doit trouver dans chaque saison aux différentes heures du jour et dans les diverses localités.

Il trouvera ensuite les méthodes les plus convenables pour recueillir, élever et conserver les larves et les chenilles, ce qui est indispensable pour obtenir particulièrement de beaux papillons.

Dès les premiers jours du mois de mars, on peut commencer des recherches avec succès, surtout quand la température est douce ; on trouvera à cette époque, sous les pierres, derrière les parties d'enduit qui se détachent des vieux murs, sous les amas de broussailles humides, sous les écorces de vieux arbres, des larves et des insectes parfaits de différentes espèces.

On visitera le pied des arbres, et en creusant avec soin les terres, poussières mobiles et brindilles qui y sont souvent amassées, on trouvera à 4 ou 6 centimètres de profondeur des larves et des insectes.

Plus tard, et lorsque la végétation commencera à se développer, on verra paraître avec elle les insectes qu'elle nourrit. On trouvera dans les terres labourées, dans les sillons qui bordent les sentiers et sous les mottes de terre, des Méloës, des Mélyresâtres, des Byrrhes et plusieurs espèces de Carabiques ; et quand il fait une forte chaleur, le Grillon champêtre, et un grand nombre de mouches diverses.

Tous les Coléoptères peuvent se prendre sans danger avec les doigts, mais les insectes munis seulement d'ailes membraneuses sont en grande partie armés de dards dont la piqûre est fort douloureuse ; il faut donc les prendre au vol avec le filet de gaze. On le lance avec vitesse à la rencontre de l'insecte, qui voltige le plus ordinairement autour des plantes qui ont nourri ses larves, en faisant en sorte qu'il se présente à lui dans toute la largeur de son ouverture ; dès qu'il y est entré, on tourne rapidement le poignet de manière que l'ouverture du filet se trouve fermée par ce mouvement ; on saisit alors l'insecte captif, soit avec les doigts, soit avec la pince avec laquelle on lui presse le corselet au-dessous des ailes, et on le pique avec une épingle pour le placer dans la boîte de chasse.

Ce procédé est employé pour tous les insectes que l'on peut prendre au vol, et pour les papillons qui, par la nature de leurs ailes fragiles, exigent un soin particulier.

Les Coléoptères à couleurs sombres peuvent être jetés dans la fiole décrite ci-dessus, ce qui évitera les pertes de temps et l'encombrement de la boîte.

Les lieux arides et sablonneux, comme on en rencontre dans les forêts de Fontainebleau et de Saint-Germain, au bois de Boulogne, à Romainville, etc., offrent des Cicindèles, qu'il est assez difficile de prendre à cause de leur vol irrégulier, de leurs poses assez fréquentes et de leur extrême vivacité ; des Cimbex, des Lethrus, Céphalotes, des Staphylins, etc. Si les sables sont mobiles, on y trouve le Carabe arénaire, le Sphex arénaire, le Manticore, la Iule, l'Hélops glabre, les Scarites. Si dans ce terrain sablonneux il existe une exploitation, un trou, un fossé profond et aux bords rapides, il faut en visiter le fond, on y trouvera toujours un nombre plus ou moins considérable d'insectes, qui, après y être tombés, ne peuvent plus en sortir parce que leur pattes font ébouler le sable qui ne leur présente pas de point d'appui.

Les bois et les forêts offrent de nombreuses richesses à l'entomologiste ; dès les premiers rayons du jour il rencontrera des insectes sur le bord des chemins, il approchera avec précaution des buissons, des touffes isolées, tenant toujours son filet prêt à envelopper les insectes qui s'offriront à sa vue ; il doit, dans cette circonstance, agir avec vivacité, car beaucoup d'espèces se laissent tomber au moindre bruit et disparaissent dans les feuillages, tandis que d'autres prennent leur vol et fuient rapidement.

Les tiges des hautes herbes portent des Charançons, des Taupins, des Coccinelles ; il faut visiter avec soin le dessous des feuilles, derrière lesquelles se réfugient les insectes qui évitent le grand jour ou la chaleur. On peut étendre avec précaution un morceau de toile blanche sous l'abrisseau ou le buisson, puis frapper fortement le pied de ces plantes, tous les insectes qu'ils recèlent tombent à l'instant, et on les ramasse aisément sur le linge ; à l'aide de ce procédé, indiqué par Bosc, on obtient souvent des espèces très-curieuses qu'on se procurerait difficilement d'une autre manière, à cause de leur petitesse ou de leur couleur qui, étant analogue à celle des feuilles ou des tiges, empêche de les distinguer.

Les écorces des vieux arbres, celles surtout qui commencent à se détacher du tronc, cachent presque toujours des insectes, tels que les Ips, les Bostriches les Scolytes, les Termites, les Forficules, les Buprestes et plusieurs espèces qui en font leur habitation ordinaire ou qui y ont trouvé un abri contre les rigueurs de l'hiver.

Dans les trous de ces vieux arbres, et parmi les détritus de la substance ligneuse du bois, on trouve des larves, des Calosomes et plusieurs espèces de Carabes.

L'été, à la chute du jour, et surtout quand le ciel est couvert et le temps très-chaud et lourd, les Cérambix sortent des trous des vieux arbres, voltigent ou se promènent sur les écorces ; souvent on aperçoit les longues antennes des Lamies et des Capricornes qui s'avancent au bord des trous ; on les saisit avec les pinces, mais sans les tirer brusquement, car l'insecte se cramponnerait dans l'intérieur et on casserait l'antenne sans le faire sortir, mais il faut l'amener doucement par de petites secousses réitérées qui le fatiguent et l'entraînent de plus en plus hors de sa retraite. Ces insectes et les Lucanes (Cerf-volant) sont communs dans les environs de la mare d'Auteuil au bois de Boulogne.

On ramassera dans les champignons les Diapères, les Sphérides, les Nitidules.

Dans les jardins, la corolle des fleurs offrira des Cétoines, des Clytres, des Lagris, des Bombix, des Nomades, des Criocères, etc., et une assez grande variété de papillons : c'est le cas de faire usage de la pince à filet ; on saisit à la fois, entre les deux côtés, la fleur et l'insecte, et l'on s'empare alors facilement de ce dernier.

Les prairies à hautes herbes et les luzernes sont riches en Crysomèles, Coccinelles, Taupins, Charançons, Mantes, Phalènes, Papillons, etc. On les recueillera en grand nombre, en faisant usage du troubleau. On passe vivement ce filet sur les plantes, comme si on les fauchait et on lui donne en le relevant un mouvement de rotation qui empêche de sortir les insectes qui y sont tombés ; cette manœuvre procure souvent des espèces rares qu'il ne serait pas facile d'obtenir autrement, surtout sur les plantes aquatiques qui bordent les ruisseaux, les canaux, ou qui avoisinent les étangs; ces dernières localités sont peuplées de Libellules, de Tipules, de Doncies, de Géléruques, d'Éophores, etc.

On ne doit approcher d'un étang ou d'un dépôt d'eau stagnante qu'avec précaution, sans faire de bruit, et dans une direction telle que les rayons du soleil ne puissent projeter l'ombre de votre corps sur la surface de l'eau. Les Hydrophiles, les Dystiques, les Notonectes, les Corises, les Driops, les Nèpres, les Gyrins, qui les habitent, s'effrayent pour la plupart facilement et disparaissent au moindre danger.

Plusieurs de ces insectes se montrent à de courts intervalles à la surface de l'eau, où ils viennent respirer, puis s'enfoncent pour reparaître bientôt; il faut saisir avec vivacité le moment favorable de les prendre avec le troubleau, et quand on n'en aperçoit plus venir, quand on s'est emparé des Gyrins qui tournent avec une incroyable vivacité, et des autres espèces visibles, on plonge l'instrument sur les bords de l'étang, ou de la mare, on le retire avec précaution, et il est rare qu'il ne rapporte pas des insectes et des larves.

Les espèces aquatiques se trouvent surtout dans les mares des forêts où l'eau, sans être corrompue, est peu profonde, chaude et tranquille, dans les fossés remplis de roseaux et de plantes. Plusieurs endroits de la forêt de Montmorency sont fort riches en espèces variées; on en trouve aussi sur les bords du canal de l'Ourcq et dans les fossés qui l'avoisinent.

Les Monocles, les Crevettes marécageuses, les larves des Friganes, des Libellules, des Cousins, etc., habitent de préférence les eaux bourbeuses des marais.

Plusieurs espèces de Carabiques vivent sur les sables humides, près des cours d'eau, dans le voisinage des étangs ou des marais, et dévorent les larves aquatiques et les corps d'insectes noyés; ils se rassemblent en grand nombre sous les pierres les plus près de l'eau, sous les débris de roseaux, de paille et de brindilles du rivage, qu'il faut soulever et écarter avec célérité, pour ne pas donner le temps de fuir aux individus qu'ils recouvrent.

« Quelques-unes des plus rares s'enterrent dans le sable, ou n'en sortent que lorsque avec un bâton enfoncé dans le sol on démolit leurs retraites. »

En général les lieux humides, tels que les bords de la rivière des Gobelins, les marais de la Glacière, les ruisseaux autour de Saint-Denis, surtout à l'est, quelques ruisseaux des bois de Meudon et les localités analogues, doivent être visités par les entomologistes de Paris qui pourront y accroître considérablement leurs collections.

Une récolte particulière appelle le chasseur d'insectes sur les terrains où paissent les bestiaux et surtout les vaches ; les bouzes de ces animaux renferment ou recouvrent une très-grande variété de Scarabées, de Bousiers, d'Escarbots, ainsi que des Staphyliens, des larves de plusieurs espèces de Diptères.

Dans la journée il faut soulever les bouses ; on trouvera entre elles et le sol une multitude de petits insectes et des trous ronds, de quelques millimètres de diamètre, qui sont l'entrée de retraites de plusieurs autres que l'on pourra découvrir à l'aide d'un couteau ou de tout autre instrument qui puisse servir à fouir la terre.

Le soir, presque tous ces animaux sortent des matières qui les contiennent, voltigent, bourdonnent et peuvent être pris avec le filet.

Pour suivre avec fruit la branche de l'histoire naturelle qui nous occupe, et obtenir la série complète des insectes, il ne faut pas reculer devant quelques inconvénients, mais vaincre au contraire certaines répugnances. Ainsi pour trouver cette classe assez nombreuse qui semble avoir été créée par la nature pour faire disparaître de la surface de la terre les restes hideux des êtres plus volumineux, et purger l'air des exhalaisons délétères, il ne faut pas s'éloigner des cadavres d'animaux qui gisent çà et là dans la campagne, et qui sont dévorés en peu de temps par les Nécrophores, les Boucliers, les Dermestes, les Escarbots et par les larves des Staphyliens et de plusieurs genres de mouches.

Les charognes offriront toujours à l'entomologiste des espèces qu'il ne pourrait pas trouver ailleurs, et qui s'éloignent et disparaissent aussitôt qu'elles ne trouvent plus sur un squelette desséché les moyens de satisfaire leur dégoûtante voracité.

Les dépôts d'ordures, les cloaques, servent de retraite et nourrissent les Forficules, les Trox, les Ténébrions, quelques Carabes, les Podures, les

Pimelies, les Hélops, les Iules, les Scolopendres. Les parties sombres et humides des maisons offrent les Blaps, les Elaphères, les Cloportes, les Erodies, les Lépismes; celles au contraire qui sont chaudes et sèches montrent les Blattes, les Dermestes, les Grillons domestiques et plusieurs sortes de mouches.

On trouve encore dans l'intérieur des habitations : les Araignées, les Scolopendres, quelques espèces d'Hémiptères, les Tipules, les Cousins, les Phalènes, les Teignes, les Pinces, les Mittes; enfin sur les animaux domestiques : le Taon, l'Œstre, l'Hippobosque, le Stomoxe, l'Asile, le Pou.

Nous avons dit au commencement de cet article que la chasse aux papillons demandait quelques soins particuliers ; en effet, ces insectes sont si fragiles, il faut si peu de chose pour les gâter, leur enlever leur fraîcheur et leurs brillantes couleurs, qu'il est nécessaire de saisir le moment favorable de s'en emparer.

Les papillons diurnes cherchent l'ardeur du soleil, et c'est pendant que cet astre darde ses rayons qu'il faut les chasser, sur la lisière des bois, sur les fleurs des jardins, dans les prairies, et sur les terres cultivées, à l'époque de la floraison des plantes, et sur les arbres dont les feuilles ont nourri leurs chenilles. Il est assez difficile de les prendre en l'air, à cause de l'irrégularité de leur vol, mais comme ils se reposent fréquemment, on les suivra, et aussitôt qu'ils s'arrêteront sur une plante ou sur le sol on lancera le filet de gaze ; quand un papillon se trouve dans le filet, il faut l'y saisir, placer son corselet entre le pouce et l'index et le presser de manière à l'étouffer, sans écraser son corps, car si on le pique avant de l'avoir tué, il se débat sur l'épingle, frappe des ailes et se décolore ou se brise en peu de temps. Quand il ne donne plus aucun signe de vie, on renverse le filet et on passe une épingle par le milieu du corselet pour le placer dans la boîte de chasse ; il faut ensuite l'étendre convenablement et lui donner une bonne position en employant les moyens donnés à l'article *Préparation et Conservation des insectes.*

« Quelques espèces ont la vie extrèmement dure, et cette précaution de les étouffer avec les doigts ne suffit pas ; on emploie alors un autre moyen, qui consiste à leur passer une épingle en travers dans la poitrine, au-dessous de l'insertion des ailes, afin de maintenir celles-ci en position et de les empêcher de se gâter en battant continuellement sur le liége de la boîte ; enfin on emploiera tous les moyens que l'on pourra imaginer pour leur conserver de la fraîcheur et de l'éclat. »

Dans la journée les papillons nocturnes se tiennent cachés dans les lieux sombres, sur le tronc des arbres très-ombragés, sur les vieux murs qui offrent des enfoncements obscurs, sous les pierres ou sous les feuilles, dans les haies épaisses ; on peut les surprendre alors dans un état de parfaite immobilité, les couvrir facilement avec le filet, ou même les piquer en posant avec vivacité une pointe d'épingle sur le corselet.

On peut encore les faire sortir de leurs retraites en battant avec un bâton les buissons et les haies, et prendre, de l'autre main, les papillons qui s'envolent.

Le soir, par un temps chaud et calme, on place un flambeau, ou une lampe qu'on recouvre d'un entonnoir de verre, dans un endroit découvert à proximité des bois, des buissons ou des prairies, et bientôt beaucoup de phalènes viendront voltiger autour de la lumière ; on se servira alors du filet pour s'en emparer.

Ceux qui veulent se livrer plus spécialement à la chasse aux papillons ne doivent pas négliger un moyen qui, s'il exige des soins et un peu d'embarras, donne à l'entomologiste des espèces précieuses et fraîches ; il s'agit de prendre les chenilles, de les élever et de conserver les chrysalides jusqu'au moment où en sortiront les papillons.

Les chenilles se nourrissent des feuilles des végétaux, et le plus ordinairement chaque espèce s'attache à une plante particulière; ainsi on trouvera, par exemple :

Les *Bombix feuille-morte*, sur les ronces.

Les *Bombix grand-paon*, sur les ormes.

Les *Botrys pourprées*, sur le chêne.

Les *Cossus gâte-bois*, sur les saules.

Les *Doloires*, sur le chêne.

Les *Faucilles*, sur les bouleaux et les aulnes.

Les *Flambés*, sur les pruniers et les pêchers.

Les *Hépiales*, sur les houblons.

Les *Herminies barbues*, sur les bruyères.

Les *Machaons*, sur les carottes.

Les *Mars*, sur les peupliers.

Les *Morios*, sur les orties.

Les *Nymphales*, sur les violettes.

Les *Phylales*, sur les pommiers et les rosiers.

Les *Polyommatestries*, sur les baguenaudiers.

Les *Processionnaires*, sur les chênes.

Les *Smerinthes*, sur les tilleuls.

Les *Sphinx tête-de-mort*, sur les pommes de terre, etc,

Beaucoup d'autres espèces portent les noms des végétaux qui servent à leur nourriture, et qui indiquent là où l'on doit les chercher.

Les feuilles rongées indiquent facilement les

arbres, arbustes ou plantes qui sont visités par des chenilles, qui, le plus communément, ne viennent s'en repaître que la nuit, et se cachent pendant le jour sous les écorces, la mousse, les pierres ou même dans des trous de la terre; le matin de très-bonne heure, ou le soir après la tombée de la nuit, sont donc les moments les plus favorables pour les chercher; cependant on en trouve en assez grand nombre sous les feuilles et sur les branches ombragées à toutes les heures du jour.

Les Chenilles ont une organisation extrêmement délicate, et peu de chose suffit pour les faire périr : on doit donc les toucher le moins possible, et pour cela il convient de couper la branche sur laquelle elles se trouvent et la mettre dans la boîte de chasse; si la chenille que l'on veut prendre est à terre, sur un tronc d'arbre ou sur un mur, il faut avec la pince ou un petit bâton l'attirer doucement sur une carte, dans une petite boîte peu profonde, ou même sur une feuille d'arbre, mais ne lui faire éprouver ni choc ni pression.

En général, on doit s'abstenir de toucher les chenilles avec les doigts, parce que d'abord cela leur est nuisible, et qu'ensuite, à certaines époques, comme celles des mues et des transformations, leurs poils se détachent, s'introduisent dans la peau et y causent une inflammation plus ou moins douloureuse.

Lorsque l'on rencontre sur la terre une chenille qui semble se diriger au hasard, dont la marche est incertaine et pénible, dont les couleurs sont ternes et sombres, c'est une indication certaine qu'elle est au moment de se transformer en chrysalide ; alors on peut la placer dans une boîte sans lui donner de nourriture, presque tout de suite elle commencera sa coque. Mais si l'on prend une chenille sur une plante ou un arbuste, il faut alors remarquer la nature de ce végétal, en prendre des feuilles que l'on place dans une des boîtes décrites plus haut, et renouveler ces feuilles de manière que l'animal en ait toujours de fraîches à sa disposition.

Le temps nécessaire à une chenille pour acquérir tout son accroissement, et changer alors de forme, varie entre quinze ou trente jours ; elle reste ensuite plus ou moins longtemps en chrysalide ; les papillons de jour se montrent le plus communément au bout d'une vingtaine de jours et quelquefois avant, ceux de nuit n'éclosent souvent que huit mois après leur chrysalidation ; ainsi les chrysalides formées en automne ne donnent des papillons qu'au printemps suivant.

Dans l'arrière-saison on trouve souvent des

chrysalides toutes formées, dans les brindilles, au pied des arbres, sous les chaperons des murs, sous les pierres isolées, ou les écorces des gros arbres ; on les prendra et on les transportera avec beaucoup de soins.

Les boîtes qui contiennent les chenilles ou les chrysalides doivent être placées dans un endroit sain, bien aéré, à l'abri des gelées et de toute odeur.

On surveillera la boîte aux époques où doivent paraître les papillons, et chaque fois qu'il en sortira un de la coque on le piquera immédiatement.

« Quelquefois l'opération par laquelle ils se dégagent de la prison est très-difficile pour eux, et il n'est pas mauvais de leur porter un peu d'aide. Avec des ciseaux on élargit le trou que l'insecte, en se chrysalisant, a pratiqué à l'un des deux bouts de la coque ; mais on laisse dessus la pièce en forme d'opercule. »

A la manière dont se suspendent les chrysalides on peut reconnaître si elles renferment des diurnes ou des nocturnes.

Les diurnes s'attachent par le milieu du corps aux parois latérales de la boîte, de manière qu'ils sont placés dans une position horizontale. Les autres se suspendent au couvercle de la boîte, la tête en bas.

La vie des papillons est très-courte ; après l'accouplement ils ne tardent pas à périr.

Certaines espèces ne sortent qu'à différentes heures de la journée. Il en est qui commencent à voltiger dès l'aube du jour, d'autres qui ne se montrent que quand le soleil est dans son plein, d'autres enfin qu'on ne voit que vers la fin de la journée, et ceux qui volent à la nuit close.

Les uns ne vivent dans leur état parfait qu'à certaines époques de l'année, ne paraissent qu'une fois ou ont deux générations.

Dès le mois de mai on remarque des Machaons, Cratœgis, Pérides, Hyales, Dias, Ios, Morios, OEgerias, Héros, Xanthes, Lucinas, Sylvanus, Procris, Zigènes, Atropos, qui disparaissent bientôt pour revenir dans les mois de juillet et d'août.

En juin apparaissent l'Ausonia, l'Artémis, le Didyma, les Limenitis, l'Ilia, le Semelé, la Denanira, l'Arcanius, l'Arcis, l'OEgon, l'Argus, le Pruni, l'Aracenthus, l'Actéon, les Sésies et beaucoup d'autres qui aussi ont presque tous une nouvelle génération en août et septembre.

Le mois de juillet est celui où on trouve le plus de Pérides, de Paphias, d'Adippes, de Niobes, de Vanesses, de Janiras, d'Amyntas et autres Lycènes, d'Argus, d'Agestis, de Théclas, de Polyommates, de Stéropes, de Syrichtes, de Sésies, de Procrites, de Zigènes, de Deiléphiles, etc. C'est le mois le plus riche en espèces.

Le mois d'août, outre la plupart des papillons précédents, offre le Podalirius, le Lathonia, le Prorsa, les Tortues, l'Atalante, Actœa et d'autres Satyres, le Bœtica, l'Amyntas, l'Arion, l'Hylas, l'Adonis et quelques Polyommates.

En septembre il paraît quelques Sphinx et Sémérinthes nouveaux ; mais le nombre des papillons diminue sensiblement pendant ce mois, et vers sa fin on n'en trouve que très-rarement.

PRÉPARATION ET CONSERVATION

DES INSECTES

Presque tous les insectes que l'on prend à la chasse doivent être préparés immédiatement et placés dans les boîtes qui renferment la collection. On prend avec les doigts tous les coléoptères ; en les saisissant par le milieu du corps, aucun d'eux ne peut faire de mal ; on passe l'épingle à travers l'élytre droite, de manière à ce qu'elle soit entre la deuxième paire de pattes (fig. 41). Cependant, comme les gros insectes, surtout ceux qui sont accoutumés à fouir dans la terre, ou ceux qui vivent de matières animales, tels que les Bouziers, les Géotrupes, les Carabes, etc., qui ont une assez grande force, parviendraient à détacher l'épingle du fond de la boîte de chasse, dérangeraient, briseraient et même dévoreraient les plus petites espèces qui les environnent, on les piquera provisoirement par dessous le corps, comme l'indique la fig. 42. Dans cette position ils ne pourront se soulever sur leurs pattes, mais il faut néanmoins avoir le soin de laisser autour d'eux un espace vide assez convenable qui les empêche en se remuant d'atteindre les autres épingles.

Lorsqu'on est de retour de la chasse, on arrache l'épingle de ceux qui sont ainsi piqués par dessous, et on repasse cette épingle par dessus dans le même trou.

Les insectes des autres ordres doivent être piqués sur le milieu du corselet.

On retire de la fiole les insectes de couleurs sombres et non veloutés qui y ont été déposés, et on les pique comme les premiers, de manière à ce que le dessus du corps se trouve aux deux tiers de la hauteur de l'épingle (fig. 43).

Lorsque les insectes ainsi piqués sont une fois morts, on les place, avant qu'ils ne dessèchent, sur un morceau de liége, et avec la pince on étend leurs pattes, au moyen de petites épingles, comme l'indique la fig. 44. Ils sèchent promptement dans cette bonne position, et alors on les place dans la collection.

Certains insectes, surtout dans les familles des Lamellicornes, des Prions, des Moloës, ont le corps d'une telle grosseur, qu'il est prudent de détacher, en coupant avec des ciseaux, le corselet de l'abdomen, de vider ce dernier; et après y avoir introduit du préservatif et un peu de coton pour remplacer les parties que l'on vient d'enlever, on le rajuste au corselet au moyen d'un peu de pâte. Cette opération est indispensable pour la conservation de toutes les espèces qui ont le corps volumineux et mou.

Lorsque les insectes n'ont subi d'autres préparations que celle d'avoir été piqués, sans qu'on ait pris la peine de donner une bonne position à leurs antennes ou à leurs pattes, il est impossible de les replacer convenablement si on ne les ramollit pas auparavant; pour y parvenir, on prend une assiette creuse, on y verse de l'eau, dans laquelle on met une poignée d'étoupes, ou du grès pulvérisé, ou du sable très-fin, et on pique dessus l'épingle qui porte l'insecte, sans qu'il touche à la matière humide. On recouvre ensuite le tout avec une cloche de verre ou un couvercle quelconque; au bout de quelques heures l'insecte est aussi flexible qu'au moment de sa mort, et on le met alors en position sur la planche de liége.

Si par un accident quelconque quelques-uns des appendices d'un insecte, antennes ou pattes, ou une partie plus considérable, comme la tête, par exemple, venait à se détacher ou à se briser, on le replacerait avec de la pâte (voir page 49). Il suffit d'en prendre un peu sur le bout d'une allumette pointue, ou même d'une épingle, d'en mettre sur la partie détachée et sur celle qui doit la recevoir, et la jonction se fait alors facilement et solidement.

Si l'on s'aperçoit qu'il se forme au-dessous de quelques-uns des insectes placés dans une collection un petit dépôt de poussière, ou si l'on voit courir au fond des boîtes quelques petits insectes, c'est un indice certain d'un commencement de destruction, et il faut se hâter d'y remédier.

On délaye alors du savon arsenical, et on en passe un peu sous l'abdomen des insectes attaqués, surtout autour des épingles qui les traversent. Cette composition fera périr les rongeurs.

L'essence de serpolet produit souvent le même résultat, et peut être employée pour prévenir le développement de ces redoutables ennemis de l'entomologiste.

Les papillons exigent une préparation particulière. Ils doivent être piqués sur le corselet, et fixés au milieu de l'une des rainures de la planche dont la coupe est représentée fig. 45, de manière que le corps y entre jusqu'à la naissance des ailes; on place les ailes dans leur position naturelle ; il faut avoir soin de les relever et d'étendre les pattes, afin de donner plus de grâce au papillon; ensuite on pose sur les ailes une petite bande de carte, ou de fort papier bien lissé, qu'on fixe au liége avec des épingles, comme l'indique la fig. 45. Au bout de deux ou trois jours on ôte les bandes de papier et les épingles, on enlève le papillon et on le place dans la collection.

Quand on possède deux individus de la même espèce, on pique l'un en dessus, l'autre en dessous, afin de laisser voir la face supérieure et la face inférieure des ailes; cette dernière est, dans plusieurs papillons, beaucoup plus belle et plus brillante que l'autre.

Pour obtenir le même résultat sans avoir d'espèces doubles, on les place dans une boîte vitrée en dessus et en dessous, on fixe sur le verre du fond de petits cylindres de moelle de sureau, sur lesquels on pique les épingles qui portent les papillons.

Si l'on a des papillons qui ont subi d'autre préparation que d'avoir été piqués, sans que les ailes ni les pattes aient été convenablement disposés, il est indispensable de les *ramollir*, en employant le moyen des étoupes ou du grès humide, que nous avons indiqué plus haut pour les autres insectes.

On peut encore conserver les papillons ou plutôt leur image, en les fixant sur un carton-carte ou sur une feuille de fort papier vélin. On coupe les ailes d'un papillon en ayant bien soin de ne pas les gâter, puis on les place sur le carton ou le papier que l'on a enduit d'abord avec un petit pinceau d'une dissolution de belle gomme arabique dans laquelle on mêle un peu de sel commun. On laisse entre les ailes la place exacte du corps, on recouvre le tout d'une feuille de papier de soie très-fin et très-lisse, puis d'une feuille de carton-carte lissée sur laquelle on pose une planche que l'on charge fortement afin d'obtenir une pression suffisante. Après cela on découvre les ailes, et avec un instrument délié et pointu, on enlève doucement la membrane des ailes, et le papier conserve les écailles coloriées ; on dessine ensuite le corps du papillon, ce qui le reproduit parfaitement.

PRÉPARATION ET CONSERVATION
DES CHENILLES

On prend un vase de tôle fait en forme d'entonnoir; on place ce vase dans de la cendre bien
chaude, de manière à ce que le sommet de cette
espèce de cône se trouve en bas, et son ouverture
en haut; lorsqu'il est suffisamment chauffé, on
prend la chenille que l'on veut préparer, et après
avoir pratiqué une ouverture à l'extrémité inférieure de l'abdomen, on presse le corps dans toute
sa longueur et on fait aisément sortir tous les
viscères et les intestins. Lorsque la chenille est
vidée, on introduit dans l'ouverture qu'on a faite

le bout d'un tube de verre ou d'un chalumeau de très-petit diamètre. On maintient le tube dans la peau en faisant un nœud avec du fil, ensuite on souffle par l'autre ouverture du tube jusqu'à ce que la peau soit remplie d'air; en même temps on introduit la chenille dans l'intérieur du vase de tôle, et on l'y tient plongée en roulant le tube entre ses doigts et en continuant de souffler. La chaleur dégagée par les bords du vase enlève bientôt toute l'humidité de la peau. Lorsqu'on s'aperçoit que la chenille est assez desséchée pour que la peau conserve la forme qu'on lui a donnée en la soufflant, on retire le chalumeau du corps, et la chenille est préparée; on la place dans une boîte ou sur un carton, et au moyen d'un peu de gomme on la colle sur un morceau de liége.

On peut encore, quand la chenille est vidée comme ci-dessus, et à l'aide d'une très-petite seringue en verre, injecter dans le corps un mélange de cire fondue avec de la térébenthine, ou bien, au lieu de l'injecter, mettre un peu d'arsenic et d'alun calciné dans du coton haché très-menu et en emplir le corps de la chenille.

Ou bien faire un préservatif composé de :

Esprit de vin. . . . .   6 onces.
Eau distillée. . . . .   ¼ livre.

Sublimé corrosif.. . . . . . 1 gros.
Alun calciné. . . . . 2 onces.

On fait macérer, pendant vingt-quatre heures, les chenilles dans ce liquide ; on les place ensuite dans de petits tubes de verre d'un diamètre un peu plus grand que l'épaisseur du corps de l'insecte. On remplit le tube de la même composition et l'on bouche hermétiquement.

L'abdomen mou et gonflé des araignées rend leur conservation difficile. Latreille indique la méthode suivante : « On se procure un tube de verre de 16 centimètres de longueur sur 20 ou 24 millimètres de diamètre ; on ajuste deux bouchons à ses deux ouvertures ; on saisit ensuite l'araignée avec les pinces, mais sans la déformer, et l'on coupe avec des ciseaux fins le mince pédicule qui attache l'abdomen au corselet ; on prend un petit morceau de bois très-mince et on le taille en pointe à ses deux extrémités ; on enfonce une des pointes du morceau de bois dans l'abdomen et l'autre dans le bouchon, puis on l'introduit dans le tube, et on le maintient au milieu du verre en plaçant le bouchon. On allume un flambeau et on fait tourner le tube à la flamme jusqu'à ce que l'abdomen soit entièrement desséché ; on laisse refroidir, on débouche avec précaution, et on ôte le ventre de dessus le morceau de bois pour le coller avec un peu de pâte au corselet. »

Nous aurions pu nous étendre davantage sur certaines parties de ce traité, mais nous avons cherché à dire seulement le plus brièvement et le plus clairement possible tout ce qui est utile pour guider ceux qui veulent s'adonner à la chasse des insectes et à la formation des collections. Comme pour toutes choses, cette occupation si attrayante demande de la pratique. Dans les premiers temps on ne trouvera presque pas de Coléoptères, on manquera les papillons ; mais, après un peu d'exercice et d'observation, les uns et les autres se présenteront en grand nombre ; on saura découvrir les premiers dans tous les lieux, et les autres seront saisis avec facilité.

FIN

TABLE ALPHABÉTIQUE

DES MATIÈRES

ET VOCABULAIRE DES TERMES TECHNIQUES

EMPLOYÉS DANS L'OUVRAGE

A

B

D

E

F

G

M

N

O

P

R

S

T

FIN DE LA TABLE

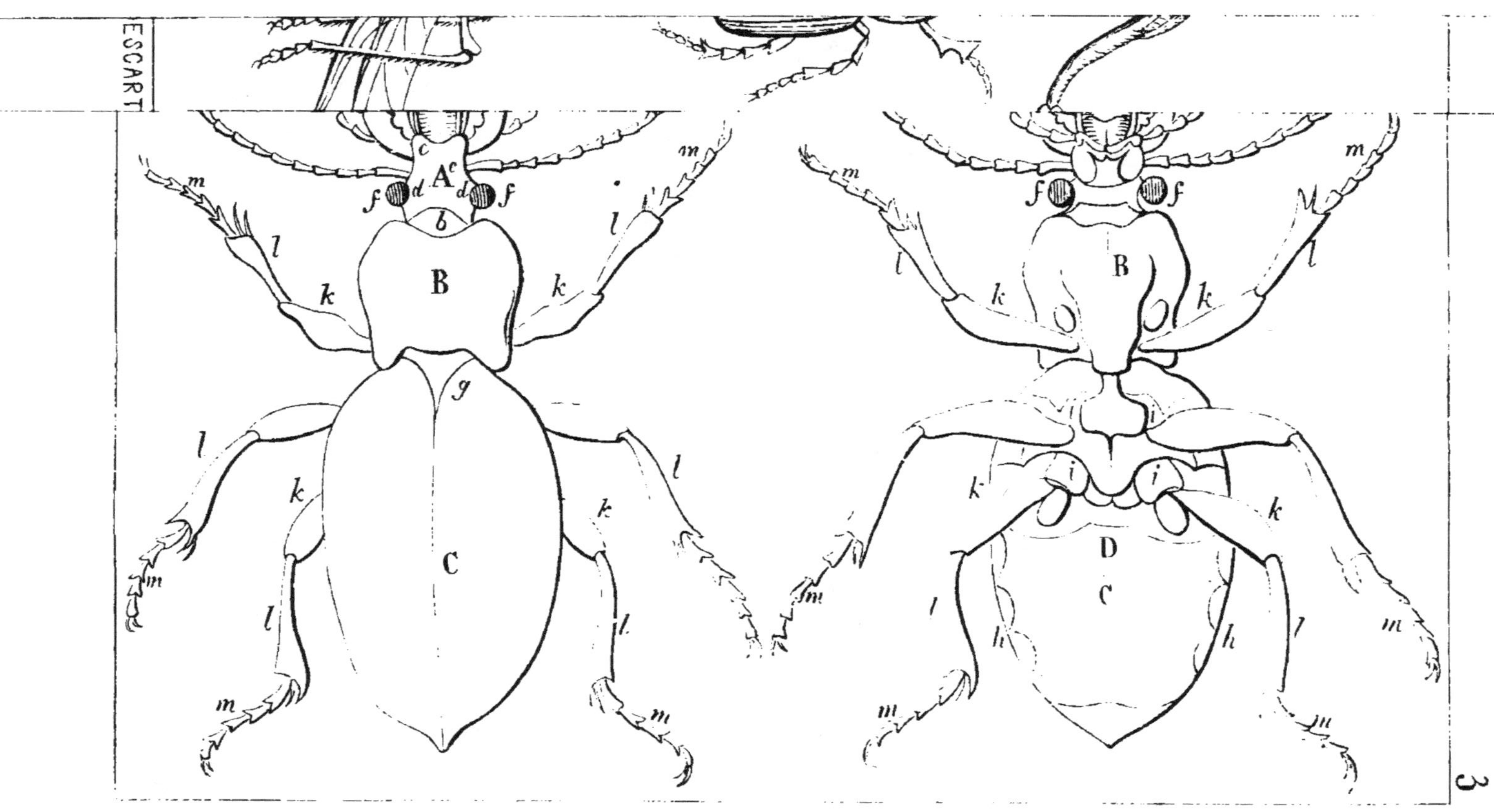
ESCART

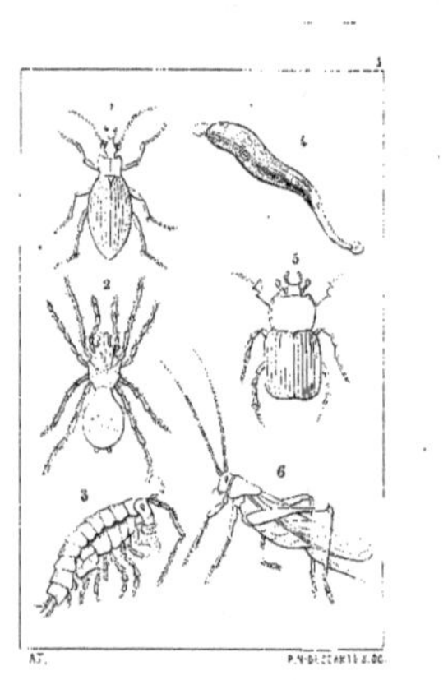

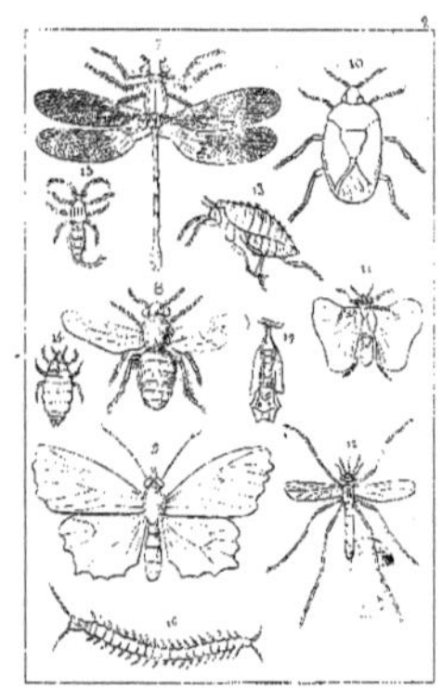

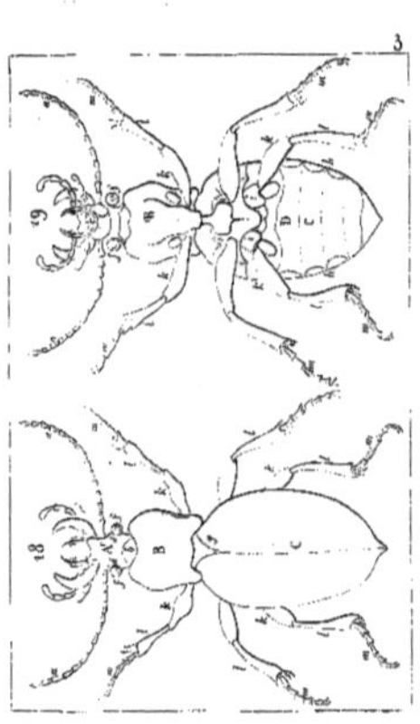

4
6
3 2
c
35
d
0,08
0ᵐ20
0ᵐ30
34
0ᵐ35
33

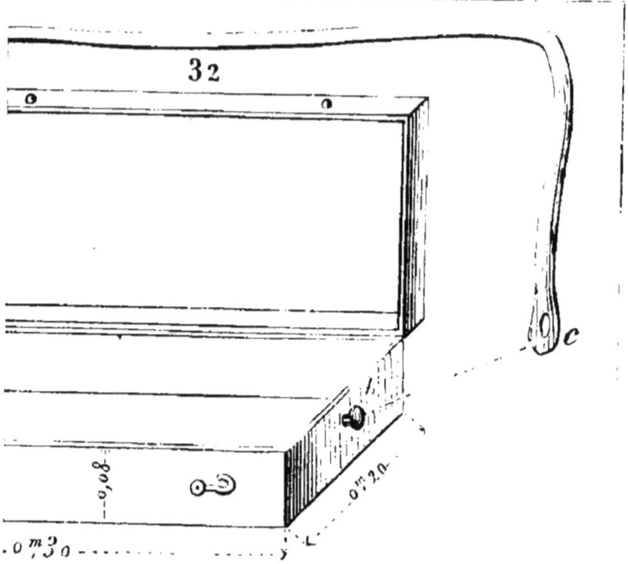

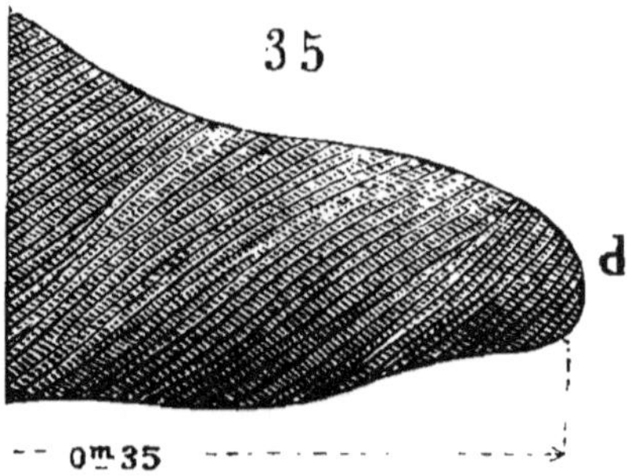

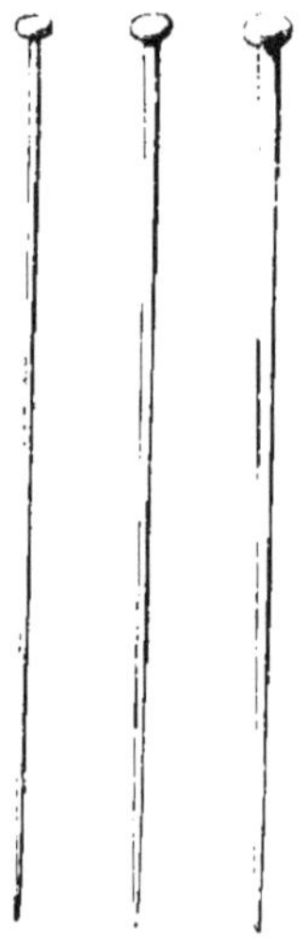

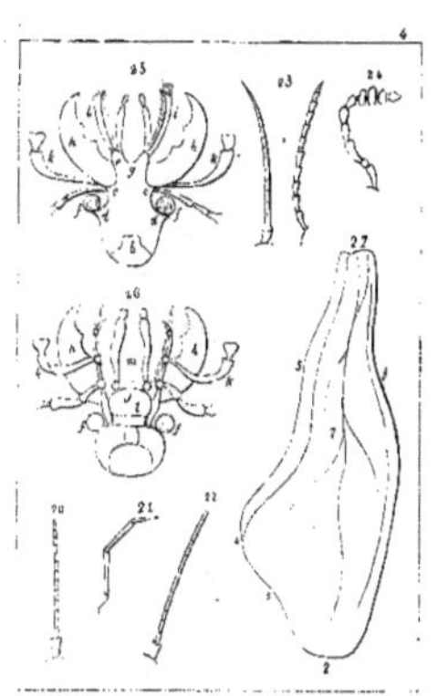

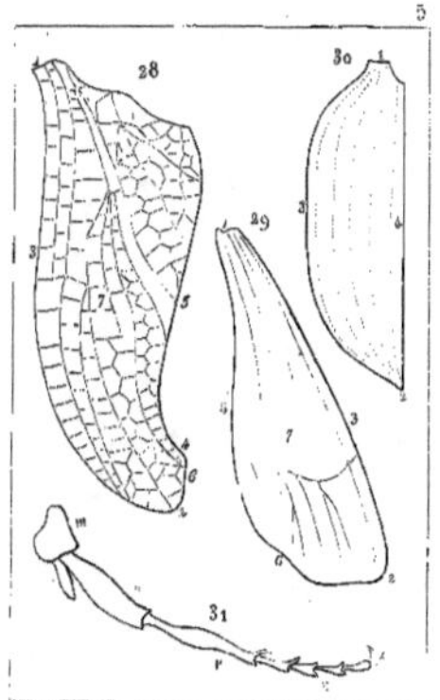

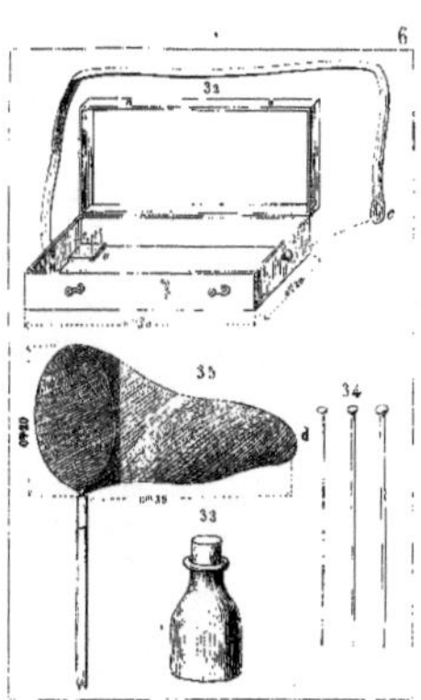

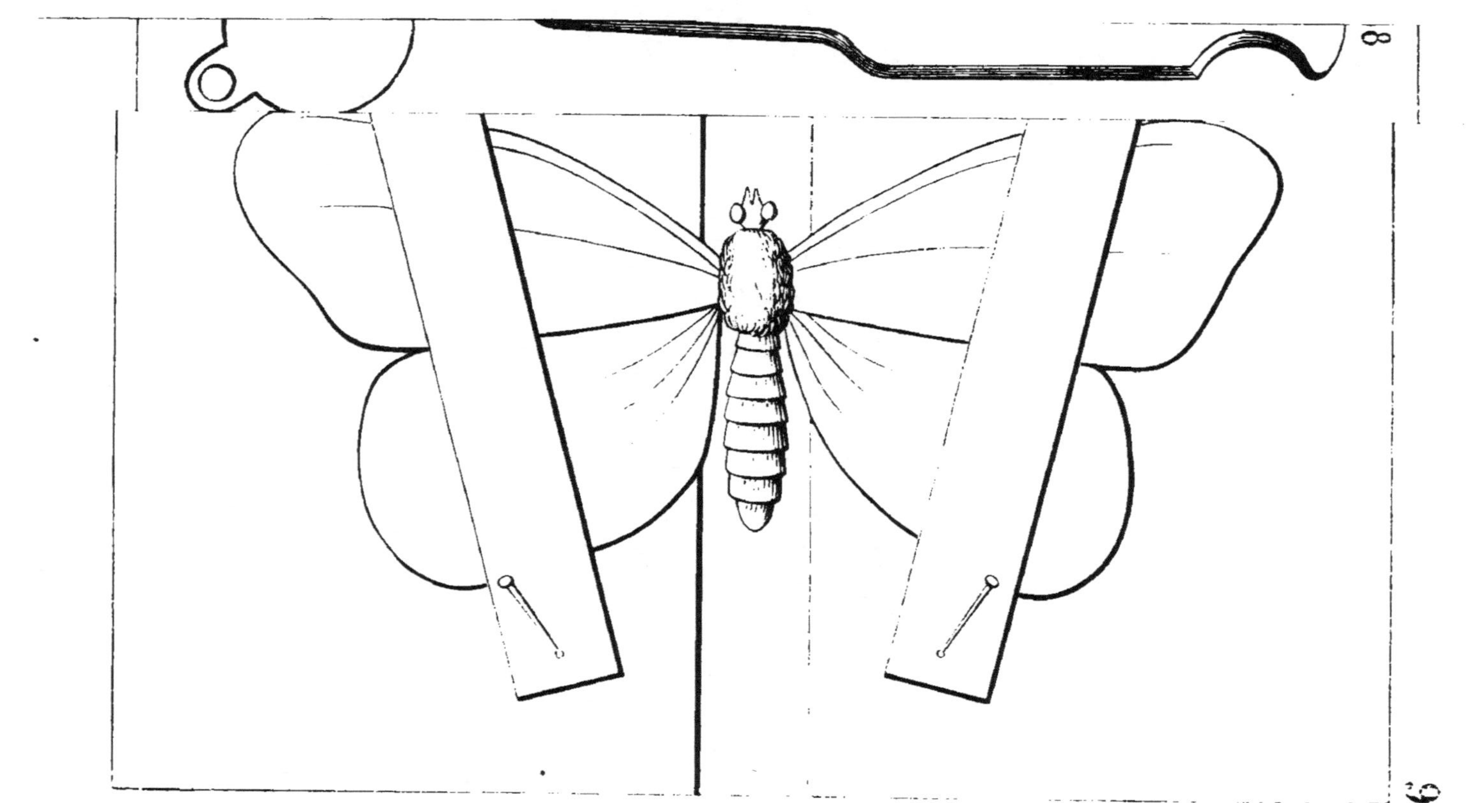

8
9

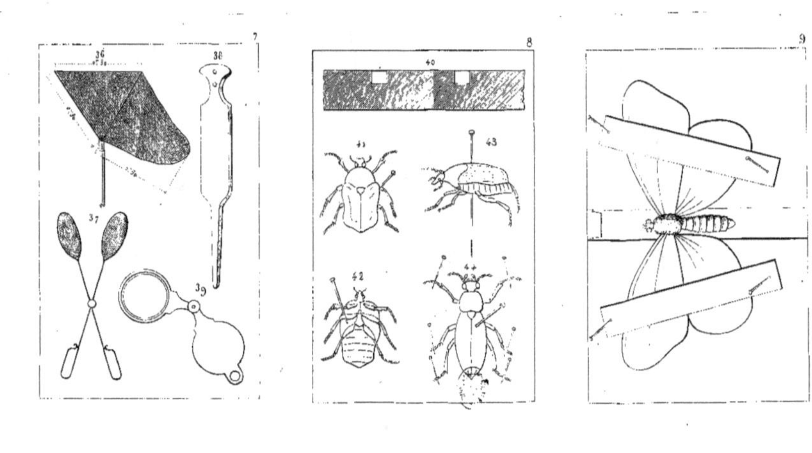

www.ingramcontent.com/pod-product-compliance
Lightning Source LLC
LaVergne TN
LVHW012010180726
843502LV00005B/1644